油气田地下地质学实习指导书

YOUQITIAN DIXIA DIZHIXUE SHIXI ZHIDAOSHU

朱芳冰　黄耀琴　周　红　潘　琳　主编

中国地质大学出版社
ZHONGGUO DIZHI DAXUE CHUBANSHE

图书在版编目(CIP)数据

油气田地下地质学实习指导书/朱芳冰,黄耀琴,周红,潘琳主编. —武汉:中国地质大学出版社,2016.9

ISBN 978-7-5625-3903-2

Ⅰ.①油…
Ⅱ.①朱…②黄…③周…④潘…
Ⅲ.①石油天然气地质-教学参考资料
Ⅳ.①P618.130.2

中国版本图书馆 CIP 数据核字(2016)第 267697 号

油气田地下地质学实习指导书	朱芳冰 黄耀琴 周 红 潘 琳 **主编**	
责任编辑:王凤林 王敏		责任校对:代 莹
出版发行:中国地质大学出版社(武汉市洪山区鲁磨路388号)		邮政编码:430074
电 话:(027)67883511 传 真:67883580		E-mail:cbb@cug.edu.cn
经 销:全国新华书店		http://www.cugp.cug.edu.cn
开本:787毫米×1092毫米 1/16	字数:100千字 插页:1	印张:3.625
版次:2016年9月第1版	印次:2016年9月第1次印刷	
印刷:武汉珞南印务有限公司	印数:1—1000册	
ISBN 978-7-5625-3903-2		定价:10.00元

如有印装质量问题请与印刷厂联系调换

前　言

  油气田地下地质学是石油地质和油藏工程专业的一门实践性很强的专业技术课程。地下地质的研究涉及范围广、综合性强、实用性高、发展速度快，是研究油气田评价与开发地质问题的应用基础学科。

  作为专业技术课，学生要在学习油气田地下地质教学内容的基础上掌握其研究方法，明确地下地质工作的基本流程，编制和应用油气田地下地质基础图件，初步掌握地质录井、地层测试和地质制图的基本要求及进一步深入剖析油藏的能力。油气田地下地质研究的内容和技术方法需要通过实习加强理解。为配合油气田地下地质的教学，根据教学大纲的要求，参考相关的教材及讲义，编写了该实习指导书。

  实习指导书收集整理了由单井综合解释到平面制图、储量计算等12个作业，有助于训练学生的综合分析能力和作图技巧。实习指导书主要包括三方面的内容：实习一至实习五是单井地质评价，即单井资料的收集与整理，根据地质录井和测井资料对渗透层进行识别和对油气水层进行综合判断，是地下地质研究的基础，包括地质录井资料的整理和分析、地层测试资料分析、完井总结图的编制和油气水层综合评价。实习六至实习十是油气田地下地质结构研究，这部分是本学科的重点，通过钻井地质剖面的对比，建立地层层序，进而进行地层特性的研究。通过地下地质制图进行分析，经过合理的地质推断，再现地层、构造、含油气性在时间和空间上的展布特征，建立研究区时空演化概念，用以指导进一步的勘探。这部分主要包括砂层组对比、小层平面图的编制、构造图等厚度图岩相图编制与分析及油气田地质剖面图的编制。实习十一、十二是油气藏研究，包括地层压力和地层温度的研究及油气储量计算。这部分包含了油气田地下地质工作的主要研究内容和技术方法。通过这些实习，深化学生对地下地质研究的理解，掌握地下地质研究的基本技能。

  该实习指导书有待进一步完善，如一个贯穿所有地下地质研究内容的综合练习，因目前资料的限制，需要进一步的资料收集和整理，书中不当之处敬请批评指正。

  在实习指导书的编写过程中得到了研究生刘睿、李龙龙、王立明等的大力帮助，在此表示衷心感谢。

编　者

2016年5月

目 录

单井地质评价

实习一　地质录井资料的整理与分析 …………………………………………（3）

实习二　地层测试 …………………………………………………………………（9）

实习三　完井总结图的编制 ……………………………………………………（11）

实习四　油气水层综合评价 ……………………………………………………（13）

  练习一　砂泥岩剖面油气水层判断 …………………………………………（13）

  练习二　低电阻率油气层的识别 ……………………………………………（15）

  练习三　膏盐剖面中油层、水层的判断 ……………………………………（16）

实习五　碳酸盐岩中缝洞储层的识别 …………………………………………（18）

地层对比及构造图编制

实习六　钻井地质剖面对比 ……………………………………………………（23）

实习七　砂层组相剖面图的编制 ………………………………………………（26）

实习八　小层平面图的编制 ……………………………………………………（28）

实习九　构造图-等厚度图-岩相图编制与分析 ………………………………（32）

实习十　地质横剖面图的编制与分析 …………………………………………（35）

油气藏研究

实习十一　地层压力计算与分析 ………………………………………………（43）

实习十二　储量计算 ……………………………………………………………（50）

主要参考文献 ……………………………………………………………………（52）

单井地质评价

中央民族大学

实习一　地质录井资料的整理与分析

根据单井地质设计的要求,取全取准反映地下情况的各项资料,以判断井下地质及含油、气情况。常规地质录井方法主要包括岩屑录井、岩芯录井、钻时录井、泥浆录井和气测井。

一、岩屑录井——迟到时间的计算

岩屑录井是最基础的地质录井工作之一,其基本特点为经济、方便,较为准确、可靠、及时,资料的系统性强,要获取准确的岩屑资料,需要准确计算迟到时间。

1)已知某井井眼直径为311.2mm,使用的钻杆直径为5in(127mm),钻至井深2500m时,钻井液的排量为1.5m³/min,忽略表层套管上部井眼直径略大的因素,试计算此时该井深岩屑迟到时间。

2)已知11:53时投入标记物,12:48时返出,泥浆泵排量为37.5L/s,$5\frac{1}{2}''$的钻杆长2108.84m,$6\frac{1}{4}''$钻铤长131.39m,求岩屑的迟到时间。

3)某井在钻达2151m和2152m时的钻达时间分别为15:10、16:34,15:30变泵。原泥浆泵排量为39.2L/s,迟到时间为39min;变泵后测得新的排量为35.72L/s,求钻达2151m及2152m时的岩屑迟到时间及捞砂时间。

4)已知井深2874.76m,$4\frac{1}{2}''$钻杆长2763m,$5\frac{3}{4}''$钻铤长26.9m,$6\frac{1}{4}''$钻铤长81.25m+1.95m,泥浆排量20.43L/s,开泵时间8:10,标记物返出时间10:58。计算:

(1)岩屑迟到时间,其中:$C_1=6.69$L/m,$C_2=12.90$L/m($5\frac{3}{4}''$),$C_2=15.44$L/m($6\frac{1}{4}''$)。

(2)设11:33时钻达2876m,求2876m岩屑的捞取时间。

(3)设12:05时泵量变为23.09L/s,求2876m岩屑的捞取时间。

(4)设11:20时泵量变为17.83L/s,求2876m岩屑的捞取时间。

(5)设12:05时泵量变为23.09L/s,到12:35时泵量又变为20.43L/s,求2876m岩屑的捞取时间。

二、岩屑录井草图的绘制

1. 实习目的

岩屑录井草图是对岩屑、钻时录井资料的一种日常整理。岩屑录井草图与邻井钻井剖面进行地层对比可以预测本井即将钻遇的地层,指导正常钻进,预防钻井事故的发生。

本次实习的目的是使学生基本掌握岩屑录井草图的编制方法,训练基本绘图技能,并通过绘图对岩屑录井工作有更深入的理解和认识。

2. 实习要求

根据已知岩屑录井、钻时录井及钻井液录井等资料,绘制深度比例尺为1∶500的岩屑录井草图,图头设计参考图1-1。

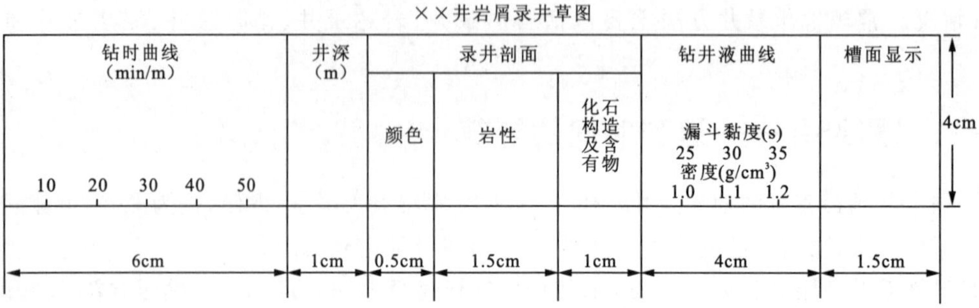

钻时曲线 (min/m)	井深 (m)	录井剖面			钻井液曲线	槽面显示
		颜色	岩性	化石构造及含有物	漏斗黏度(s) 25　30　35 密度(g/cm³) 1.0　1.1　1.2	
10　20　30　40　50						
6cm	1cm	0.5cm	1.5cm	1cm	4cm	1.5cm

××井岩屑录井草图（总高4cm）

图1-1　岩屑录井草图图头设计

3. 作图方法

岩屑录井草图的内容主要包括录井剖面、钻时曲线、钻井液录井曲线及泥浆槽面显示等,作图方法步骤如下:

(1)整理录井资料,了解地层层序、接触关系等地质情况。

(2)按照格式要求绘制图框,按比例尺要求标注井深。

(3)按照岩性描述的井深,把相应的岩性、颜色、化石、构造、含有物及油气显示等用统一规定的符号由浅至深地按比例尺逐一绘出,即得录井剖面。

(4)在各个深度上按横比例尺的规定标出相应的钻时、钻井液密度、黏度等数据点,然后将各点连成一条折线,即得钻时曲线和钻井液录井曲线。

(5)完善图件:标注图名、比例尺、绘图单位、绘图日期、绘图人、图例等。

4. 实习资料

(1)岩屑录井资料(表1-1)。

(2)钻时录井资料(表1-2)。

(3)钻井液录井资料(表1-3)。

表 1-1 岩屑录井资料

深度(m)	岩性描述
1999～2003	由介形虫化石堆积而成的生物灰岩,结构均匀、疏松,因饱含油而呈褐色
2003～2004	灰绿色页岩
2004～2006	灰黄色针孔状石灰岩,质地坚硬
2006～2008	灰绿色砂质泥岩
2008～2011	白色及灰白色白云岩
2011～2015	紫红色泥岩,含丰富的介形虫化石
2015～2016	浅黄色粉砂岩
2016～2020	紫红色及灰绿色泥岩
2020～2021	浅黄色粉砂岩
2021～2027	紫红色及灰绿色泥岩
2027～2029	黄褐色细砂岩,含油
2029～2035	紫红色及灰绿色泥岩
2035～2040	褐色中粒砂岩,含油性良好
2040～2041	紫红色及灰绿色砂质泥岩
2041～2047	褐色中—粗粒砂岩,含油性良好
2047～2055	灰绿色泥岩,富含螺化石
2055～2057	灰色钙质细砂岩,坚硬,含油性较差
2057～2062	灰色泥岩
2062～2065	褐色细—中砂岩,含油
2065～2069	灰绿色砂质泥岩
2069～2072	褐色粗砂岩,含油性良好
2072～2075	灰绿色泥岩
2075～2078	褐色粒状砂岩,饱含油
2078～2093	黑色碳质页岩,含碳屑及黄铁矿
2093～2096	褐色中—细砂岩,含油性良好
2096～2101	黑色碳质页岩
2101～2103	灰白色粗砂岩
2103～2105	灰绿色砂质泥岩
2105～2108	灰白色砾状砂岩
2108～2110	灰褐色油页岩,可点燃
2110～2112	灰绿色粉砂岩,含油性较差
2112～2115	灰黑色泥岩

表 1-2 钻时录井资料

深度 (m)	钻时 (min/m)	深度 (m)	钻时 (min/m)	深度 (m)	钻时 (min/m)	深度 (m)	钻时 (min/m)
1998～1999	8	2027～2028	8	2056～2057	20	2085～2086	9
1999～2000	6	2028～2029	2	2057～2058	8	2086～2087	10
2000～2001	4	2029～2030	4	2058～2059	10	2087～2088	9
2001～2002	3	2030～2031	8	2059～2060	9	2088～2089	8
2002～2003	4	2031～2032	9	2060～2061	8	2089～2090	9
2003～2004	10	2032～2033	10	2061～2062	7	2090～2091	10
2004～2005	4	2033～2034	8	2062～2063	4	2091～2092	9
2005～2006	8	2034～2035	9	2063～2064	2	2092～2093	8
2006～2007	10	2035～2036	6	2064～2065	1	2093～2094	3
2007～2008	30	2036～2037	2	2065～2066	2	2094～2095	2
2008～2009	40	2037～2038	1	2066～2067	8	2095～2096	3
2009～2010	50	2038～2039	2	2067～2068	9	2096～2097	8
2010～2011	40	2039～2040	4	2068～2069	8	2097～2098	9
2011～2012	20	2040～2041	8	2069～2070	2	2098～2099	10
2012～2013	8	2041～2042	2	2070～2071	1	2099～2100	9
2013～2014	7	2042～2043	1	2071～2072	2	2100～2101	8
2014～2015	8	2043～2044	2	2072～2073	8	2101～2102	4
2015～2016	4	2044～2045	3	2073～2074	9	2102～2103	2
2016～2017	8	2045～2046	2	2074～2075	8	2103～2104	4
2017～2018	9	2046～2047	8	2075～2076	2	2104～2105	8
2018～2019	10	2047～2048	9	2076～2077	1	2105～2106	4
2019～2020	7	2048～2049	8	2077～2078	2	2106～2107	3
2020～2021	4	2049～2050	3	2078～2079	10	2107～2108	4
2021～2022	8	2050～2051	4	2079～2080	9	2108～2109	10
2022～2023	9	2051～2052	8	2080～2081	8	2109～2110	4
2023～2024	8	2052～2053	9	2081～2082	9	2110～2111	3
2024～2025	9	2053～2054	10	2082～2083	8	2111～2112	4
2025～2026	10	2054～2055	9	2083～2084	9	2112～2113	8
2026～2027	9	2055～2056	30	2084～2085	10	2113～2114	10
						2114～2115	8

表 1-3 钻井液录井资料

深度(m)	密度(g/cm³)	漏斗黏度(s)	槽面显示
1999	1.20	25	
2000	1.12	30	油花
2003	1.20	25	
2010	1.20	25	
2014	1.22	25	
2016	1.06	34	严重气侵
2017	1.20	25	
2020	1.20	24	
2021	1.06	33	严重气侵
2022	1.18	25	
2023	1.20	24	
2035	1.20	24	
2037	1.12	30	油花
2039	1.14	31	油花
2041	1.12	30	
2043	1.14	32	油花
2045	1.10	33	油花
2047	1.12	31	
2049	1.20	25	
2062	1.20	25	
2063	1.16	28	油花
2064	1.18	26	
2065	1.16	30	
2066	1.12	25	
2068	1.20	22	
2069	1.16	28	
2070	1.18	30	油花
2071	1.16	28	
2072	1.18	30	
2073	1.20	28	
2074	1.18	30	
2075	1.20	32	
2076	1.16	30	油花
2077	1.14	31	
2078	1.20	26	
2084	1.20	26	
2085	1.16	26	
2086	1.20	25	
2092	1.20	25	

三、地质录井资料分析

图 1-2 是某井孔一段(3690～3762m)测井及录井综合柱状图,地层为砂岩和泥岩互层。

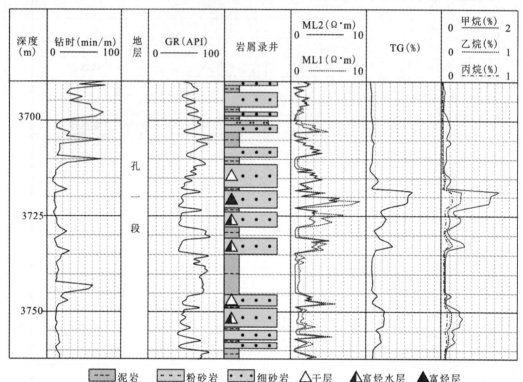

图 1-2 某井孔一段测井及录井综合剖面图

根据所给资料,完成下列分析:

(1)根据该井录井资料,比较 3710～3760m 井段砂泥岩钻时特征。

(2)根据气测总量(TG)大于背景值(0.25%)的 2 倍作为标准,确定出 3710～3760m 井段的气测显示层,这些气测显示层在岩屑录井中分别对应的含油级别是什么?

(3)显示层 A(3719～3723m)与显示层 B(3749～3754m)气测组分数据见表 1-4。根据这组数据,利用烃比值解释图版对两个岩层的含油性进行分析。

表 1-4 油气显示层 A 和 B 气测录井数据

地层	TG(%)	甲烷(%)	乙烷(%)	丙烷(%)	异丁烷(%)	正丁烷(%)	戊烷(%)
A	2.405	1.157	0.210	0.108	0.021	0.004	0.013
B	0.917	0.391	0.082	0.038	0.006	0.002	0.004

实习二 地层测试

(1)根据图2-1标出双关井钻柱测试压力卡片各点的压力。

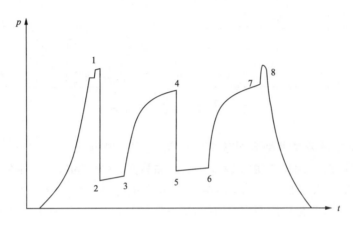

图2-1 双关井钻柱测试压力卡片

(2)某井组T1为试踪剂注入井,周围有7口监测井,分别为T2井、T3井、T4井、T5井、T6井、T7井、T8井。2010年1月20日注入示踪剂18居里氚和18居里氚化正丁醇,各监测井见效情况见表2-1。已知井间存在一条断层,阻止了示踪剂的流动。试在图2-2中绘制断层可能的分布位置。

表2-1 某井组示踪剂监测结果

井号	距离注水井(m)	初见示踪剂日期	天数(d)	初见示踪剂浓度(Bq/L)	水驱速度(m/d)
T2	558	20100508	108	388.2	5.39
T3	374	截至2010年12月1日未见示踪剂			
T4	288	20100308	47	300.1	2.27
T5	505	截至2010年12月1日未见示踪剂			
T6	683	20100629	160	310.3	3.44
T7	468	截至2010年12月1日未见示踪剂			
T8	353	20100330	69	315.4	4.01
备注	注水井T1于2010年1月20日注入18居里氚和18居里氚化正丁醇				

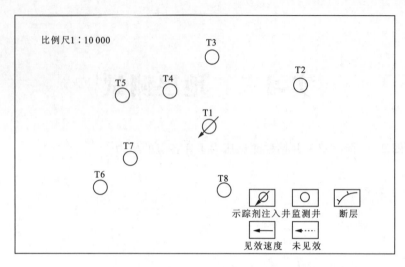

图 2-2　某井组井位分布图

(3)某探井压力恢复试井数据见表 2-2。该井以定产量 $q=32.749\text{m}^3/\text{d}$,生产了 $t_p=1300\text{h}$。其他有关数据为:油层厚度 $H=8.4\text{m}$,原油黏度 $\mu=8.7\text{mPa·s}$,孔隙度 $\phi=0.2$,原油体积系数 $B=1.12$,完井半径 $r_w=0.1\text{m}$,综合压缩系数 $C_t=3.824\times10^{-5}\text{Pa}^{-1}$,原油密度 $\rho=0.855\text{g/cm}^3$,在半对数坐标内绘制霍纳曲线,推算原始地层压力,计算流动系数 Kh/μ 和地层渗透率 K。

表 2-2　某探井压力试井数据

$t(\text{h})$	0	0.170	0.500	1	1.670
$P_w(\Delta t)(\text{atm})$	74.031	76.988	81.781	85.758	88.103
$t(\text{h})$	2.500	3.330	4.170	5	7.250
$P_w(\Delta t)(\text{atm})$	89.225	89.633	89.837	90.040	90.448

注:$1\text{atm}=10^5\text{Pa}$

实习三 完井总结图的编制

一口井在钻达预定深度后,要根据地质录井、测井资料及有关工程方面的情况进行完井总结。完井总结主要包括完井地层剖面的编制和完井报告的编写。这次实习是针对 No.20 井编制完井总结图。

完井总结图是钻井地质总结的重要成果性图件,编绘完井地层剖面并对可能的油气水层进行判断,是完井方法和试油方法的依据。它与完井地质总结报告一起作为地下地质研究的基础资料。

完井总结图(图 3-1)通过一口井的地质录井资料和主要的测井资料来恢复井孔的地质剖面,对油气层做出综合解释。

1. 实习资料

岩屑百分比图;钻时录井曲线;井壁取芯资料;测井曲线:电测井电阻率曲线 R 和自然电位曲线 SP,放射性测井自然伽马曲线 GR 和中子伽马曲线 NGR。

2. 实习要求

根据 No.20 井 900~990m 井段岩屑录井、钻时录井、井壁取芯、测井曲线的资料编绘完井地质剖面,并对可能的油气水层进行判断。

(1)分层。确定分层界线,要求细分到薄层、夹层。

(2)确定岩性。对 960m 以下无岩屑录井井段要依据其他资料进行判断,其岩性未超出所给岩性图例的范围。

(3)识别油气水层。在确定分层界线时,应以测井曲线为准,参考岩屑百分比资料以及钻井录井资料。在确定岩性及油气水层时应综合考虑岩屑和测井资料,井壁取芯资料是可靠的。

(4)总结剖面岩性组合特点。

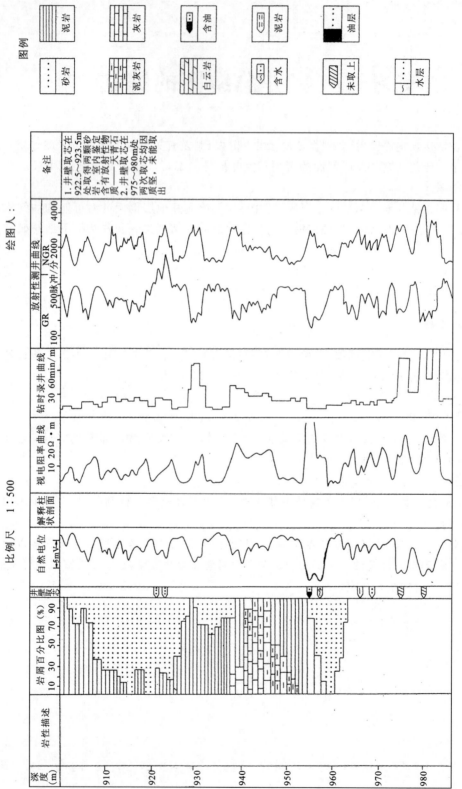

图 3-1 No.20 井完井总结图

实习四　油气水层综合评价

练习一　砂泥岩剖面油气水层判断

一、实习目的

油气水层的识别是地下地质研究的核心内容之一。通过实习使学生进一步掌握砂泥岩剖面中油层、气层、水层的综合判断方法。

二、实习要求

根据所给资料,划分渗透层并计算渗透层段的孔隙度和含油饱和度,综合判断油层、水层。

三、方法

(1) 根据微电极、自然电位及井径曲线划分渗透层段。
(2) 利用声感组合测井资料计算渗透层段的孔隙度和含油饱和度。

其计算方法如下:据东部油田统计,孔隙度(ϕ)与声波时差(Δt)及渗透层埋藏中部深度(H)间存在如下关系:

$$\phi = (0.002\,272\Delta t - 0.409)/(1.68 - 0.0002H) \tag{4-1}$$

式中:ϕ 为孔隙度,%;Δt 为声波时差,$\mu s/m$;H 为油层中部深度,m。

在测井曲线上读出渗透层段的时差和埋藏中部深度值,即可求得孔隙度。

该区地层因素 F 与 ϕ 之间关系式为:

$$F = \frac{R_o}{R_w} = \frac{0.5}{\phi^2} \tag{4-2}$$

式中:R_o 和 R_w 分别为孔隙中完全含水时岩石电阻率和地层水电阻率,该区 R_w 为 $0.30\Omega \cdot m$。

电阻率增大系数(I)与含油气饱和度(S_o)之关系为:

$$I = \frac{R_t}{R_o} = \frac{1}{(1-S_o)^2} \tag{4-3}$$

式中:R_t 为测井地层电阻率。

由式(4-2)和式(4-3)整理得:

$$\frac{R_o}{R_w} \cdot \frac{R_t}{R_o} = \frac{0.5}{\phi^2} \cdot \frac{1}{(1-S_o)^2}$$

$$1 - S_o = \frac{0.707}{\phi}\sqrt{\frac{R_w}{R_t}} = S_w \tag{4-4}$$

通过测井曲线读出感应电阻率值,即可求含油饱和度或含水饱和度。

(3)根据 ϕ、S_w 并结合地质录井资料,判断油层和水层。

四、实习资料

图4-1为东部油田某井的综合图,岩性为中粒石英砂岩,泥质含量极少。钻进该地层时,泥浆性能极好,泥浆侵入带深度不超过1m,感应测井仪为0.8m六线圈系。

图4-2为均质校正图版。图中 C_{IL} 为视电导率,C 为校正后的真电导率。

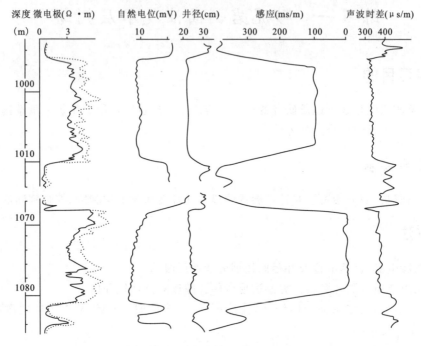

图4-1 某井储层综合测井曲线

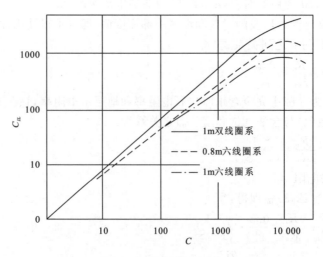

图4-2 均质校正图版

练习二　低电阻率油气层的识别

一、实习目的

砂泥岩剖面中一些泥质含量较高的渗透层段电阻率接近于水层,含水饱和度接近或超过50%,油气层电阻率值等于或略大于相同条件下的水层电阻率,在高矿化度地区甚至低于围岩的电阻率,但试油时产纯油气的油气层,称为低电阻率油气层。

通过实习使学生掌握识别低电阻率油层的方法。

二、实习要求

计算地层含水饱和度和束缚水饱和度,识别低电阻率油层。

三、方法

(1) 利用声感组合测井资料计算地层水饱和度 S_w 和孔隙度 ϕ。

(2) 利用自然伽马曲线确定地层束缚水饱和度。

粉砂岩粒度中值(M_d)和自然伽马相对值(ΔGR)有如下关系式:

$$\lg M_d = -1 - 0.75\Delta GR \tag{4-5}$$

地层束缚水饱和度(S_{wi})与粒度中值的关系为:

当 $\phi < 20\%$ 时,

$$\lg(1-S_{wi}) = (9.81\lg M_d + 3.3)\lg\frac{1-\phi}{0.75} \tag{4-6}$$

当 $\phi \geqslant 20\%$ 时,

$$\lg S_{wi} = 0.36 - (1.5M_d + 3.6)\lg\frac{\phi}{0.1835} \tag{4-7}$$

而 $\Delta GR = \dfrac{GR - GR_{\min}}{GR_{\max} - GR_{\min}}$ \hfill (4-8)

式中:$GR_{\max}$ 为纯泥(页)岩之自然伽马值;$GR_{\min}$ 为纯砂岩的自然伽马值;GR 为研究层的自然伽马平均值。

(3) 根据 S_w 和 S_{wi} 的值,判断地层流体性质。

图 4-3 为某层段测井综合图,第 30 层岩屑录井为含油粉砂岩,泥质含量较多。该井段中纯泥(页)岩的自然伽马值为 91.2API,纯砂岩为 52.8API。

四、思考题

(1) 简述低电阻率油层的特点及成因。

(2) 识别低电阻率油层的方法有哪些?其基本的方法是什么?

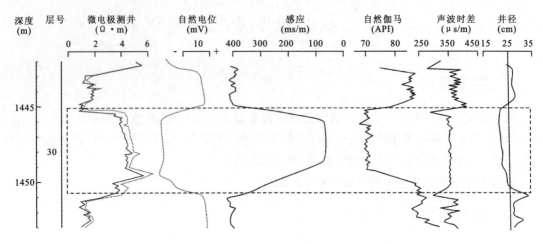

图 4-3 某井 30 号层综合测井曲线

练习三 膏盐剖面中油层、水层的判断

一、实习目的

膏盐剖面是由盐岩、石膏、硬石膏及少量碳酸盐岩和砂泥岩组成的剖面,膏盐剖面由于含有大量盐岩和石膏,钻井中盐岩被溶解,导致泥浆矿化度增高,形成盐水泥浆。钻进膏盐剖面时,所形成的盐水泥浆使得常规测井方法失灵,因而膏盐剖面的测井系列和解释方法具有特殊性。通过对某井资料的分析,掌握膏盐剖面中油层、水层的判断方法(图 4-4、图 4-5)。

二、实习要求

划分砂岩渗透层,定性判断油水层、膏盐层位置。

三、方法

(1)划分渗透层。膏盐剖面中渗透性岩层一般以自然伽马中、低值指示位置,以微侧向曲线平直光滑的较低值确定顶底界面或以深侧向中低电阻层之半幅点并参考底 1m 电阻率确定顶底界。

(2)定性判断油水层。一般油层电阻率高于水层,碳酸盐岩剖面中的水层,其深侧向电阻率一般小于 $100\Omega \cdot m$。

四、思考题

(1)分析膏盐剖面的特点。
(2)膏盐剖面中油层和水层的测井识别方法。

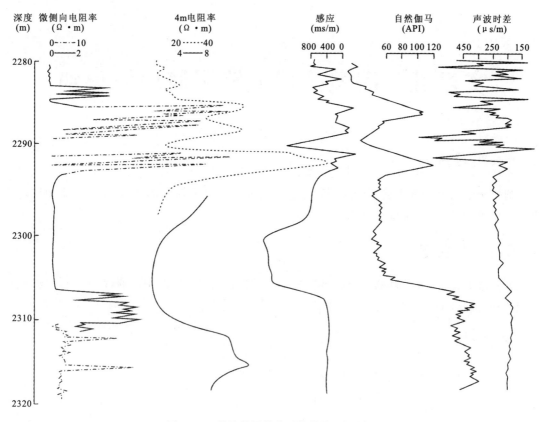

图 4-4 某井储层综合测井曲线（碎屑岩）

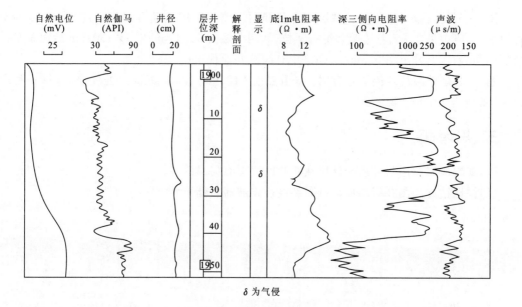

δ 为气侵

图 4-5 碳酸盐岩综合曲线

实习五　碳酸盐岩中缝洞储层的识别

一、实习目的

通过碳酸盐岩剖面上缝洞储层的划分及油气水层的大致判断,掌握测井与地质相结合识别非均质储层的方法,掌握裂缝识别的测井方法。

二、实习要求

判断缝洞储层,大致判断气层、水层,分析缝洞储层在 Pe 岩性密度曲线和 FIL 裂缝识别曲线上的反映及原因。

三、方法

(1)综合地质与测井资料,识别缝洞储层。
(2)根据泥浆及气测资料,大致判断气水层。

四、资料

图 5-1 是裂缝性碳酸盐岩储层综合测井图。该井采用重晶石泥浆钻进,钻至 3069m 钻时加快,岩屑中见 3% 无色透明方解石颗粒;气测全烃由 5% 升至 22.5%;3075m 后泥浆 Cl^- 含量由 450mg/L 上升至 1800mg/L;钻进中有间歇井涌现象。

图 5-2 是碳酸盐岩储层综合图。该井钻至 2123m、2126m、2134m 处气侵,2157m 泥浆中 Cl^- 含量增至 2750mg/L。

五、思考题

(1)碳酸盐岩储层与碎屑岩储层在测井曲线上有何异同点?
(2)根据钻井和测井资料如何判断裂缝性碳酸盐岩储层?

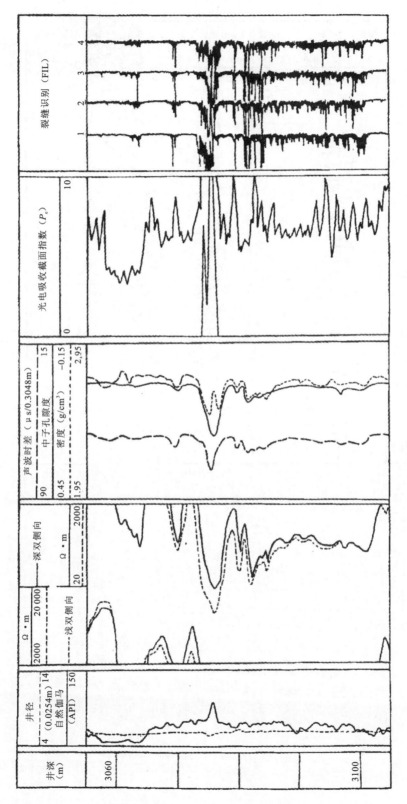

图 5-1 某井裂缝性碳酸盐岩储层综合测井曲线

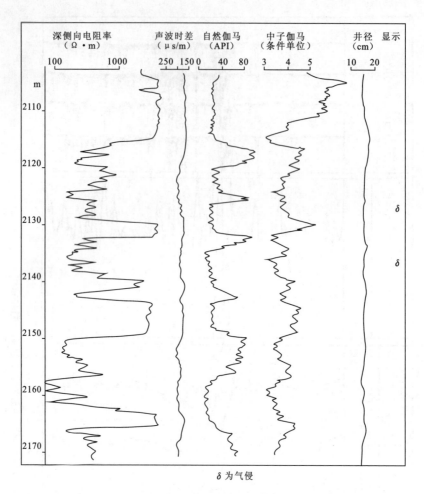

δ 为气侵

图 5-2　某井综合测井曲线

地层对比及构造图编制

地质法律法规及技术规范

实习六 钻井地质剖面对比

一、实习目的

钻井地质剖面的对比是进行地下地质研究的基础,单井的地层划分又是地层对比的基础,而地层对比又反过来调整修正先期的地层划分,地层划分和地层对比相互依赖、相互制约,地下地质工作就是在准确的地层划分和地层对比的基础上进行的。它们贯穿于整个油田的地质勘探开发工作中,不断深化和完善。

在实际工作中,通过地层对比可以更正确地划分单井地质剖面。因此,地层对比是油气田地质勘探的基础工作之一,是研究地层特性和构造形态的前提。通过本实习作业使学生掌握地层对比的基本方法。

二、实习要求

根据剖面中标准井所划分的标准层,确定出各井相应层段位置。

三、做法

(1)熟悉所给资料中标准井的各标准层岩性和电性特征,识别出剖面上其他井的标准层。

(2)根据标准井各个层段的岩性、电性特征,及由近至远的原则和邻井进行对比,逐一确定每个层段的位置,并标在井轴线上。

(3)将各井同一层连接起来。若遇断层,应将断层所在位置用一特殊符号在井轴线上标出,并根据周围地层变化关系,将断层线画出来。

图 6-1 为某地区 4 口井测井连井剖面,布宜诺斯艾利斯 3 为标准井,测井曲线为 GR,进行测井地层对比,说明对比的主要依据。

根据某碎屑岩油藏 5 口井的测井连井剖面(图 6-2),以标准井 12 井小层划分为标准(虚线为小层界限),开展井间地层对比。测井图中左侧曲线为自然伽马(GR),右侧为电阻率(RILD)。

— 24 — 油气田地下地质学实习指导书

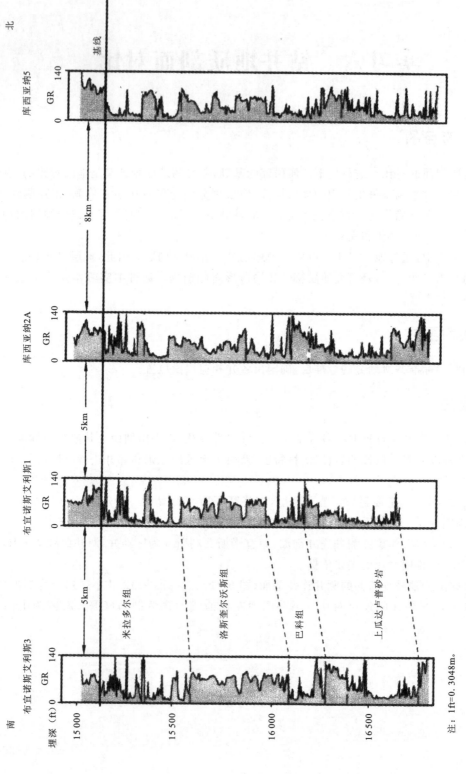

图 6-1 某地区 4 口井测井连井剖面

注：1ft=0.3048m。

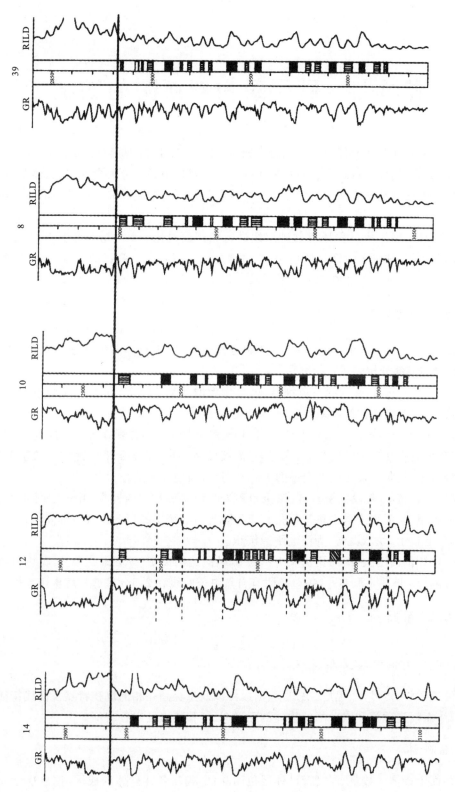

图 6-2 某碎屑岩油田测井连井剖面

实习七　砂层组相剖面图的编制

本次相剖面对比是在砂层组范围内进行的，即在一个油田范围内对区域地层对比中已经确定的含油层系中的油层进行划分对比的工作。油层对比单元划分为含油层系、油层组、砂层组和单砂层。油层对比的方法包括稳定沉积环境的旋回厚度对比和非均质性强的河流环境的等高程对比。

这次实习针对河流相沉积环境的砂层组进行相剖面对比。对于非均质性强的河流相沉积，利用等高程对比法划分时间地层单元，在对岩芯、测井相认识、解释的基础上，对未取芯井进行划分和对比，从而了解相在剖面上的迁移特征。

一、实习资料

明二段相剖面图为一南北方向的七口井砂层组剖面(图7-1)，其中3号井为取芯井。3号井岩芯资料分析表明：

(1) 1337～1347m，岩性为绿灰色细砂岩，具大型槽状交错层理，向上规模变小，河道砂坝沉积，SP箱形，微电极曲线幅度差向上变小，物性变差。

(2) 1318～1336m，岩性为绿灰色细砂岩，具大型交错层理、小型槽状交错层理，向上部粒级变细，为粉砂岩夹薄层泥质粉砂岩、泥岩，具断续波状层理、槽状交错层理和块状层理，点砂坝沉积，厚层，SP是向上幅度逐渐变小的复合形态，由两期砂体叠合。

(3) 1314～1317m，灰绿色粉砂岩、泥质粉砂岩与块状砂质泥岩互层，粉砂岩具水平层理、小型断续波状层理，泥岩中含少量植根化石，天然堤沉积，薄层钟形曲线或齿形曲线。

(4) 1314m以上，块状泥岩，为泛滥平原沉积。

在明二段相剖面图上，横向比例尺1∶5000，纵向比例尺1∶500，砂层组顶底均为隔层与相邻砂层分隔。3号井是取芯井，每口井附有自然电位曲线和2.5m底部梯度电阻率曲线。

二、相剖面对比

1. 复习河流相中各亚相特征

复习河道砂坝、点砂坝、堤岸、决口扇、河漫滩以及牛轭湖亚相的沉积特点及曲线特征。其中，应特别注意河道砂坝和点砂坝的砂体剖面形态、迁移特点及组合特征。

2. 分析砂体

分析剖面上砂体的数量、厚度及砂体层位的高低，判断各井砂体的成因，按砂层之间的时间顺序，用对比线展现各小层在侧向上岩相的变迁历史，并对多期叠加的厚砂体进行划分。

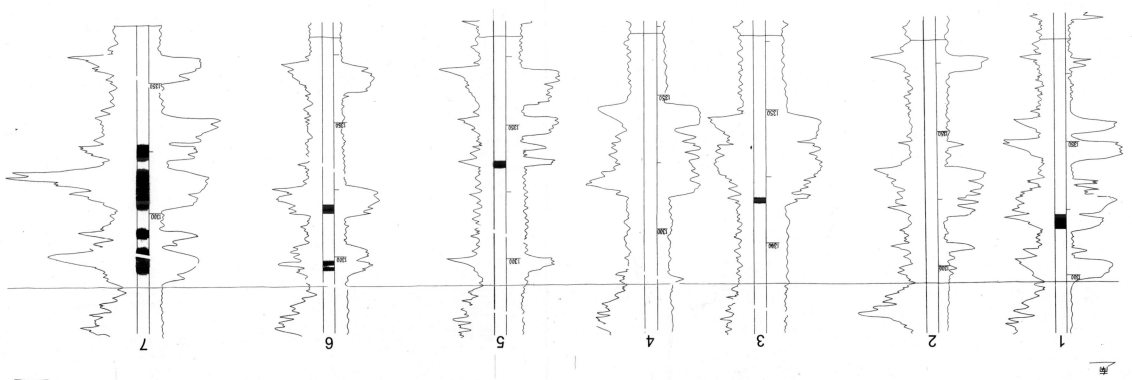

图7-1 明二段相划面图

3. 等高程对比

根据砂层组内主体砂岩的顶面进行等高程对比,划分时间地层单元。

三、思考题

(1)从点砂坝的迁移方向,推测水流方向,以图7-1实例说明。
(2)当对比线与等时线之间出现不协调现象时,应如何勾绘对比线?

实习八　小层平面图的编制

一、实习目的

小层平面图是反映小层砂体形态、砂层厚度、有效厚度和储油物性变化的平面图,是油气地质储量计算、油田开发及动态分析的基础图件之一。通过实习,使学生掌握小层平面图的编制方法,认识小层分布特征。

二、实习要求

(1)编制某油层二区沙二段 8^3 小层平面图,比例尺为 1∶100 000。
(2)图件美观、整洁,等值线圆滑、合理。

三、作图方法及步骤

1)确定作图边界,勾绘断层线及内外油水边界线。
2)上数据,形式如下:尖灭井点为 △;水层井点为 $\dfrac{水}{砂层厚度}$;油层井点为渗透率$\dfrac{有效厚度}{砂层厚度}$;砂层断失(缺)井点为[0]。
3)勾绘砂岩尖灭线。
(1)取砂岩尖灭井点与有砂岩厚度的井点的 1/2 处勾绘。
(2)对于分区断层,砂岩尖灭线圆滑交上;对于区内断层,砂岩尖灭线可以任意穿过。
4)勾绘有效厚度零线。
(1)取有效厚度为零的井与有效厚度不为零的井之间的 1/2 处勾绘。
(2)取砂岩尖灭线到有效厚度不为零的井的 1/2(或 1/3)处勾绘。
(3)对于分区断层,有效厚度零线按趋势圆滑交于断层线上;对于区内断层,若两盘均为油层,可视为断层不存在;若一盘为油层而另一盘为水层,有效厚度零线应交于断层。
(4)在油水过渡带,油层平均有效厚度为该油层组的 1/2。
5)勾绘有效厚度等值线。
利用三角网等值内插法勾绘有效厚度等值线,等值间距为 2m。
6)勾绘渗透率等值线。
7)清绘图件,上色。
有效厚度 0~2m 上浅黄色,有效厚度 2~4m 上浅红色,有效厚度超过 4m 上深红色。

四、资料

(1) 某油田二区沙二段 8^3 小层数据表(表 8-1)。

表 8-1 某油田二区沙二段 8^3 小层数据表

井号	有效厚度(m)	砂层厚度(m)	渗透率(μm^2)
1-2	1.1	1.8	1.3
1-3	4.8	5.0	1.4
1-4	2.0	3.4	1.1
1-5		△	
2-1		[0]	
2-2		△	
2-3	1.0	2.5	1.3
2-4	3.2	3.6	1.3
2-5	1.9	2.0	1.2
2-6		△	
3-1	1.0	1.8	0.8
3-3		△	
3-4	(0.6)	1.2	0.95
3-5	2.0	2.0	1.25
3-6	2.3	2.5	0.9
3-7	0.6	1.4	1.0
3-8	1.4	2.5	1.1
4-1	1.1	2.1	1.3
4-2	1.8	2.6	1.5
4-3		△	
4-4	0	0.8	
4-5	2.5	3.8	1.0
4-6	5.0	5.4	1.5
4-7	2.5	3.3	1.2
4-8		△	
5-1-1		△	
5-1		△	
5-2	3.8	4.4	1.1
5-3	1.0	2.5	1.3
5-4	1.1	2.0	1.25
5-5	1.9	3.4	0.9
5-6	1.0	2.5	1.3
5-7	2.4	2.8	0.8

续表 8-1

井号	有效厚度(m)	砂层厚度(m)	渗透率(μm^2)
5-8		△	
6-01	2.0	2.7	1.0
6-1		△	
6-2	1.7	2.3	1.0
6-3	2.0	2.8	1.1
6-4	5.0	6.3	1.2
6-5	3.6	3.6	1.5
6-6	1.9	2.4	1.45
6-7		△	
7-101		[0]	
7-01	3.5	4.0	1.2
7-1		△	
7-2		△	
7-3	1.0	3.0	1.3
7-4	6.6	8.8	1.55
7-5	4.3	5.0	1.2
7-6	2.0	3.3	1.0
8-01	[2.3]	3.1	
8-1	2.9	3.2	
8-2	1.7	2.5	0.75
8-3	1.0	2.2	0.7
8-3-1	2.0	3.2	1.2
8-4	3.2	5.6	0.8
8-5	4.5	6.3	1.1
8-6	[2.1]	4.4	
8-7		△	
9-101		△	
9-1	水	4.2	
9-2	水	3.5	
9-3	1.4	2.0	0.6
9-4	2.4	3.0	0.9
9-5	[2.3]	6.7	
9-501	水	7.0	
10-3	水	2.5	
Y-1	3.8	5.8	0.7
Y-101	[2.1]	4.9	

(2)某油田二区井位图(图8-1)。

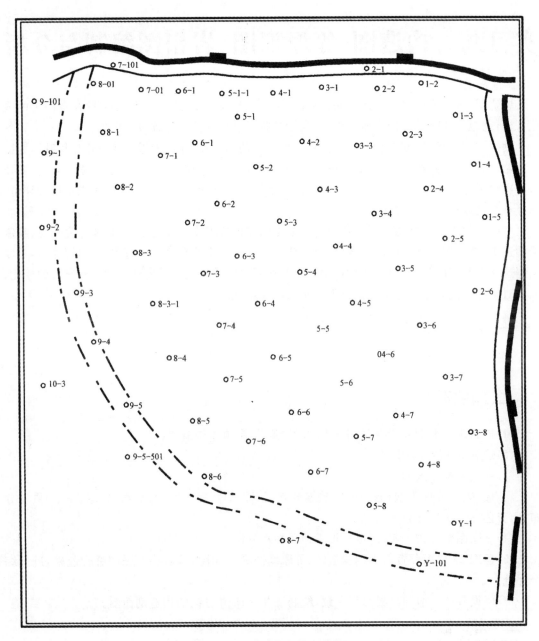

图8-1 某油田二区井位图

实习九　构造图-等厚度图-岩相图编制与分析

　　构造图、等厚度图和岩相图反映地层层面形态、地层沉积速率、范围和岩性在空间上的变化，是研究地下地质结构的基础图件，也是勘探阶段进行油藏综合评价的依据。

　　勘探初期，由于控制点少（钻井、露头），所编制的构造图、厚度图及岩相图仅仅反映研究区总体轮廓，而随着勘探工作的深入，来自钻井、露头剖面及地球物理勘探的资料逐渐丰富，就要求再次编制这3个基础图件，以完善对地下地质结构的认识。进而在此基础上做出综合评价，选择有利地区进一步勘探或开发。

　　本次实习体现了勘探过程中所应进行的编图和评价工作。在初期12口探井完钻后，编制了构造图、厚度图及岩相图3个基础图件，建立研究区粗略的轮廓。在打完25口探井后，重新编制这3个基础图件，可以看出构造的发育和地层厚度的变化以及岩性由砂岩到灰岩的变化，从而对研究区进行综合评价优选出下一步的勘探重点。

一、实习资料

井位图（图9-1）和数据表（表9-1）。

二、编图要求

(1) 依据第一批探井资料（1井～12井）绘制 X 层顶面构造图。
(2) 绘制 X 层等厚图。
(3) 绘制岩性分区图。
用点线表示分区界线（黄色——砂岩分布区，棕褐色——砂页岩分布区，绿色——页岩分布区，蓝色——灰岩分布区）。
(4) 三张图叠合在一起，对区域地下地质初步分析。
(5) 运用25口探井资料编制构造图、等厚度图和岩相图，最后将三张图叠合起来，进行综合评价。
(6) 假设各井点地面海拔高程一致，绘制2井～13井方向的构造剖面图。

三、思考题

(1) 区域内哪个构造起伏最大？分析其高点和低点的井号。
(2) 哪个构造反映闭合度最大？有多少米？
(3) 从岩相变化上是否可以反映 X 层的油源区的方向？

表 9-1 基本数据表

井号	X 层顶面海拔(m)	X 层厚度(m)	X 层岩相
1	−1412	2.1	灰岩
2	−1385	0.9	灰岩
3	−1488	2.7	灰岩
4	−1430	5.5	页岩
5	−1434	11.9	砂岩—页岩
6	−1342	2.1	灰岩
7	−1388	4.6	砂岩—页岩
8	−1388	19.2	砂岩
9	−1418	12.8	砂岩—页岩
10	−1464	13.1	砂岩
11	−1495	13.1	砂岩
12	−1470	22.9	砂岩
13	−1409	29.9	砂岩
14	−1427	21.9	砂岩
15	−1426	9.8	砂岩—页岩
16	−1455	1.8	灰岩
17	−1400	19.8	砂岩
18	−1415	16.8	砂岩—页岩
19	−1458	4.0	页岩
20	−1444	7.6	砂岩—页岩
21	−1373	2.7	灰岩
22	−1430	18.9	砂岩—页岩
23	−1449	13.7	砂岩
24	−1495	16.8	砂岩
25	−1473	5.5	页岩

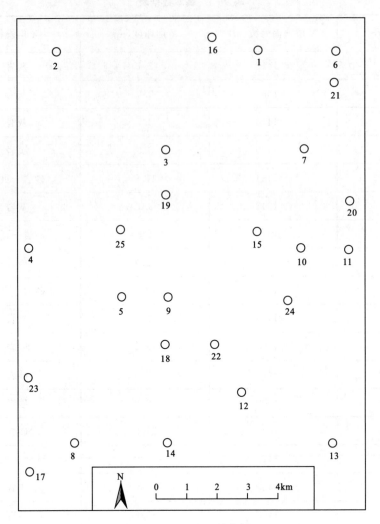

图 9-1 研究区井位图

实习十 地质横剖面图的编制与分析

地质横剖面在二维方向上阐明地层、构造和地形的关系,剖面的精度取决于作图资料的丰富程度。剖面图的基础工作是在岩层层序内部进行地层单元的对比。作图用到的地层资料来自地面露头、地球物理成果及钻井资料。剖面的质量直接取决于资料的准确性和地质人员运用资料进行解释、推断的能力。

本次实习的横剖面图较为复杂,其中有正断层、逆断层、地层的倒转、不整合面和岩相变化。由井所钻遇地层可以通过钻井剖面上地层的重复或缺失判断出来,也可以由取芯的高倾角、裂隙或井壁取芯获得的洞穴物或擦痕发现,或是从地层倾角测井记录的层面倾角及走向的变化识别断层。厚度加大的地层,可能是陡倾角造成的,一些岩性层的缺失或厚度变化可能是由于断层引起,亦可能是由于不整合面剥蚀或相变所致。在一口井中层面倾向的变化也可能是钻过轴面或脊面所致。断面未必总是个平面,也可能有挠曲,甚至弯曲,在此情况下地层的断距将随深度而发生变化。

一、实习资料

1)东西剖面上井距数据如表10-1所示,其中1井位于剖面的最西端,16井位于剖面的最东端。

表10-1 研究区井距资料

井号	井距(m)	井号	井距(m)
1井~2井	641	2井~3井	381
3井~4井	305	4井~5井	641
5井~6井	351	6井~7井	412
7井~8井	189	8井~9井	153
9井~10井	244	10井~11井	427
11井~12井	229	12井~13井	336
13井~14井	625	14井~15井	342
15井~16井	464		

2)总结16口井所钻遇的地层,共有12层(A~L层),A层最老,L层最年轻。综合各井地层剖面资料如下(表10-2)。

3)各井岩性描述如下。

(1)1井(井口海拔85m,井深1946m)。

0~290m:分选差,极粗粒,松散的灰色砂岩。

表 10-2 地层层序表

地层		岩性
图例	符号	
○ ○	L	粗粒,灰色灰岩、未固结砾岩,砾石
⋯⋯⋯⋯	K	红色,粉砂到砂质页岩
· · · ～	J	具有交错层理的长石砂岩和砾岩
≡≡≡≡	I	灰—黑色薄层页岩
～ ～ ～	H	棕黄—褐色白云岩,夹有燧石条带
⋯ ⋯ ⋯	G	红色泥岩,夹有不连续蒸发盐岩层
ʼ ʼ ʼ	F	致密,灰色灰岩,富含珊瑚的灰岩
══	E	暗色钙质页岩和珊瑚灰岩
·· T ··	D	中粒,钙质砂射,砂质珊瑚或藻灰岩(局部发育良好)
▭▭▭	C	黑色燧石质页岩,夹斑脱土条带
▭▭▭	B	细—中粒结晶,灰色含化石灰岩
(••)(••)	A	细粒,灰色石英砂岩

290～412m:块状,红色粉砂岩和砂质页岩,夹薄层条带的粉红色细粒砂岩。

412～519m:粗粒,含长石砂岩夹薄层钙质条带。

519～686m:薄层,但不易剥离的页岩。

686～770m:暗褐色,含燧石的细晶白云岩。

770～1235m:含硬石膏的红色泥岩。

1235～1312m:极致密的灰色灰岩。

1312～1510m:暗色,含钙质致密页岩。

1510～1754m:灰色含钙,坚硬,脆,易碎。

1754～1824m:带有斑脱土条带的黑色页岩,少量燧石。

1824～1946m:灰—白色细晶,多孔灰岩,具少量化石。

(2) 2 井(井口海拔 159m,井深 2059m)。

0～390m:松散胶结的砾岩、砂岩,井眼中有可观的洞穴。

390～488m:红色粉砂质页岩,偶有薄砂岩条带。

488～583m:粗粒交错层理的砂岩。

583～637m:薄层黑色页岩,下部有轻度粉砂质。

637～720m:细晶浅棕褐色白云岩,包含有白色燧石条带和透镜体。

720～1196m:红色泥岩和薄硬石膏层互层。

1196～1205m:块状粗晶硬石膏层。

1205～1272m:致密—细晶,灰—白色灰岩。

1272～1469m:暗灰色,含钙量高的坚硬脆性页岩。

1469～1632m:暗灰、高含钙质砂岩,有很少的薄砂质灰岩条带。

1632～1957m:中晶,灰—白色灰岩,保存差的化石,在 1636.3m 处泥浆循环有漏失。

1957～2059m:很坚硬,细粒砂岩,钻进速度为 0.61m/h。

(3) 3 井(井口海拔 153m,井深 1678m)。

0～403m：砾石层夹少量浅灰色黏土，砾石层分选差，砾径5cm。
403～506m：砂质—粉砂质栗色页岩，有丰富菱铁矿球粒。
506～613m：粗粒，长石砂岩，偶见白色黏土和粉砂质黏土。
613～1007m：红色泥岩和硬石膏层（4∶1），最底部发育硬石膏层。
1007～1083m：灰色微晶灰岩，沿裂隙见油迹。
1083～1129m：暗灰—灰色，含钙质多的页岩。
1129～1363m：灰色钙质中粒砂岩。
1363～1412m：暗灰色页岩，可见洞穴。
1412～1678m：灰—白色细晶灰岩，含大量软体动物碎屑。
(4) 4井（井口海拔99m，井深1952m）。
0～354m：胶结很差的砾石和砂，偶见漂砾，砾径15cm。
354～454m：红色砂质泥岩和粉砂岩，夹薄层砂岩。
454～573m：粗粒砂岩，交错层发育，分选差，易碎。
573～778m：硬石膏层夹少量红色泥岩，在671m处有断层。
778～854m：灰色细晶灰岩，坚硬。
854～1058m：暗灰色，微含钙质页岩。
1058～1296m：中粒砂岩，胶结致密，坚硬。
1296～1351m：页岩，易碎。
1351～1836m：灰色细晶灰岩，富含化石。
1836～1952m：灰色石英岩。
(5) 5井（井口海拔107m，井深2150m）。
0～152m：砾石及粗砂岩。
152～262m：红色砂质页岩，另有一些杂色成分。
262～342m：灰色粗粒长石砂岩。
342～442m：栗色泥岩与硬石膏互层。
442～531m：灰色致密灰岩，局部含油。
531～763m：暗灰色页岩，坚硬，性脆，局部含粉砂。
763～1052m：灰色钙质中粒砂岩，分选良好，坚硬。
1052～1113m：黑色页岩，易碎，常形成洞穴中的桥支架。
1113～1177m：细晶灰岩，含化石，裂隙发育，见气显示，在1171.2m井壁取芯见擦痕。
1177～1226m：灰色钙质砂岩，坚硬。
1226～1316m：黑色页岩，性脆，有白色蜡质的黏土痕迹。
1316～2092m：灰—白色中晶灰岩，富含化石。
2092～2150m：砂岩，坚硬，钻速低，钻头磨损大。
(6) 6井（井口海拔177m，井深1775m）。
0～249m：粗粒质砂岩，夹浅绿—灰色黏土，局部砾岩。
249～339m：红色、粉红色砂质页岩，少量铁质条带。
339～412m：未固结的长石质砂岩，具交错层。
412～427m：以硬石膏为主，夹薄层红色页岩。

427~519m：灰色灰岩。

519~793m：暗灰色钙质页岩。

793~982m：粉红色页岩和硬石膏薄层互层。

982~1071m：灰—白色微细晶灰岩。

1071~1315m：暗灰色页岩，富含钙质，坚硬。

1315~1540m：灰色胶结好的砂岩。

1540~1613m：黑色页岩，有一些纹层。

1613~1775m：灰—白色的细晶灰岩，富含软体动物碎片。

(7) 7井（井口海拔122m，井深1830m）。

0~214m：砂岩和砾岩，贮水层。

214~339m：页岩、粉砂质页岩和红色粉砂岩。

339~445m：砂岩和砾岩，局部有交错层，有一定数量的长石碎屑。

445~900m：杂色泥岩，以红色为主，有一些蒸发岩穿插。

900~979m：灰色细晶灰岩，致密，含少量化石。

979~1193m：钙质页岩，坚硬，夹少量灰色薄层珊瑚灰岩。

1193~1377m：灰色砂岩，坚硬见少量裂隙。

1377~1467m：黑色砂质页岩，夹白色黏土条带。

1467~1830m：灰色灰岩，含化石，含有黄铁矿集合体，有几层薄页岩层。

(8) 8井（井口海拔92m，井深1708m）。

0~183m：砾石。

183~317m：红色页岩。

317~430m：砂岩和砾石层。

430~689m：红色页岩和质松的白垩。

689~781m：白垩。

781~1007m：板岩。

1007~1479m：致密砂。

1479~1623m：黑色页岩。

1623~1708m：灰色白垩。

(9) 9井（井口海拔96m，井深1906m）。

0~183m：粗砂岩及砾岩。

183~305m：红—绿色砂—粉砂质页岩，以红色砂质为主。

305~442m：砂岩和砾岩，分选差，具交错层。

442~595m：红色页岩，粉砂岩和少量硬石膏。

595~671m：灰色细晶灰岩，含少量化石。

671~1388m：黑—暗灰页岩，坚硬，性脆，在1235.2m处倾角为85°。

1388~1668m：细—中粒砂岩，高度胶结。

1668~1750m：黑色页岩，性脆。

1750~1906m：灰色灰岩，含化石，多孔，裂隙中含油。

(10) 10井（井口海拔55m，井深1922m）。

0~149m:砂岩和砾岩互层。
149~259m:红色砂质—粉砂质页岩,夹钙质粉砂岩。
259~427m:砂岩和砾岩夹少量红色页岩条带。
427~558m:红色粉砂岩,黏土岩与泥岩交互层。
558~827m:灰色灰岩,致密,在686.2m处倾角90°。
827~1177m:红色粉砂岩,泥岩和黏土岩,少量硬石膏条带。
1177~1266m:灰色致密灰岩,少量燧石扁豆体。
1266~1491m:暗灰色钙质页岩。
1491~1711m:灰色钙质砂岩,坚硬。
1711~1784m:黑色页岩夹白色斑脱土条带。
1784~1922m:灰色细晶灰岩,含化石。
(11)11井(井口海拔66m,井深1922m)。
0~165m:砾岩为主,少量灰色黏土夹层。
165~284m:红—粉红色粉砂质页岩,少量砂岩。
284~348m:砾岩和砂岩交互层,长石普遍。
348~735m:红色页岩和硬石膏。
735~820m:致密灰岩,有珊瑚碎屑。
820~982m:暗灰色钙质页岩。
982~1159m:红色粉砂岩夹少量蒸发岩层,在921.1m处有角砾岩。
1159~1247m:灰色灰岩,致密,含少量珊瑚碎屑。
1247~1464m:暗灰色坚硬页岩。
1464~1708m:灰色钙质砂岩,夹少量灰色含化石灰岩条带。
1708~1775m:黑色砂质页岩,性脆。
1775~1922m:灰色含化石中晶灰岩。
(12)12井(井口海拔107m,井深1944m)。
0~198m:砂岩、砾岩和薄黏土岩层。
198~323m:红—紫色粉砂质页岩和黏土层。
323~393m:粗粒长石砂岩。
393~732m:红色泥岩和硬石膏(4:1)。
732~817m:灰色致密灰岩。
817~1040m:暗灰色钙质页岩,坚硬。
1040~1275m:灰色中粒砂岩,坚硬。
1275~1345m:砂质页岩。
1345~1479m:灰色含化石灰岩,中等晶粒。
1479~1598m:灰色粗粒,钙质砂岩,在1483.8m处有许多方解石脉碎屑。
1598~1693m:黑色页岩,性脆,夹斑脱土条带。
1693~1944m:灰色含化石灰岩。
(13)13井(井口海拔88m,井深1479m)。
0~188m:砾岩。

188~329m：红色砂质页岩和粉砂岩，有些部分含钙质。
329~342m：砂岩和砾岩、长石质，粒径 5cm。
342~789m：红色粉砂岩和泥岩，夹有薄层石膏、硬石膏。
789~854m：灰色微晶灰岩，含珊瑚碎屑。
854~1049m：暗灰色富含钙质页岩，夹薄层珊瑚灰岩。
1049~1296m：富含钙质砂岩，含几个薄层砂质珊瑚灰岩。
1296~1360m：黑色砂质页岩。
1360~1479m：灰色细晶灰岩。

(14)14 井(井口海拔 137m，井深 1714m)。
0~244m：粗粒砂岩和砾岩。
244~406m：红色粉砂质页岩。
406~427m：粗粒长石砂岩。
427~878m：红色泥岩夹硬石膏层(5∶2)。
878~1373m：棕褐—白色灰岩和白云岩，孔隙发育。
1373~1540m：灰色钙质中粒砂岩。
1540~1617m：黑色燧石页岩，斑脱土普遍。
1617~1714m：灰色细晶灰岩，含化石。

(15)16 井(井口海拔 140m，井深 1397m)。
0~259m：砾石和砾岩。
259~378m：红色砂质—粉砂质页岩，少量砂岩。
378~842m：红色泥岩，夹薄层硬石膏层。
842~1397m：粗粒结晶，多孔珊瑚灰岩。

(16)16 井(井口海拔 76m，井深 1891m)。
0~207m：砾石。
207~403m：红色页岩。
403~473m：砂岩。
473~711m：红色页岩。
711~1617m：风化白垩。
1617~1732m：坚硬砂岩。
1732~1800m：黑色页岩。
1800~1891m：含化石灰色白垩。

二、思考题

(1)根据所完成的剖面图分析，何处为有利的油气聚集带？
(2)钻井剖面中地层出现重复，有几种可能？
(3)井钻遇断面时鉴定标志有哪些？
(4)讨论剖面上断层的相对年代及先后次序。
(5)此横剖面图能否显示脊面和轴面相分离的特点？
(6)用简短文字概括本剖面的地质特点。

油气藏研究

实习十一 地层压力计算与分析

深埋在地下的油气层总是处于一定的温度和压力的物理条件之中,具有一定的潜在能量。油气藏在没有被打开之前,地下原油、天然气处于相对静止状态,油藏内压力保持相对平衡状态。当第一批探井试井投产后,这种相对平衡就会被破坏,油、气则在地层中开始流动,从各个方向往井底汇聚。

地层中的油、气会向井眼流动,是因为地层中存在着作用力,即在油气层压力与油气井井底压力之间的生产压差的作用下,油气从高能量流向低能量,即流向井底,甚至会喷出地面,作用在地层流体上的力主要有压力、重力、各种接触界面的毛细管力,其中对流体起主导作用的是地层压力。进行油气勘探和开发,就应该掌握油气藏的能量特点,对地层压力和地层温度进行计算和研究。

1. 在一背斜油藏上钻有 A、B、C 三口井(图 11-1),其井底海拔标高均为 -500m。其中,A 井钻遇水层,井口海拔标高为 $+150$m;B 井、C 井为油井,B 井井口海拔标高为 $+250$m;C 井井口海拔标高为 $+100$m;供水区海拔标高为 $+50$m,油/水在 -700m 的位置;油、水密度分别取 0.85g/cm^3 和 1.0g/cm^3。

(1)计算 A、B、C 三口井的原始地层压力。

(2)A、B、C 三口井哪些可以自喷?说明原因。

2. 如图 11-2 所示,3000m 处,$\Delta t_{sh} = 300\mu$s/m,$\Delta t_{shn} = 250\mu$s/m,求:

(1)相应深度下的地层压力、压力系数。

(2)若要平衡钻井,需配制多大密度的泥浆?

3. 某构造预控布了 4 口井(图 11-3),除 1 号井因事故报废,其他三井均相继完成试油,2 号井和 3 号井获工业油流,其油层顶部海拔分别为 -800m、-1000m,测得 2 号井压力为 13.6MPa,3 号井为 15.2MPa,压力梯度为 0.008MPa/m,原油分析饱和压力为 10.4MPa,4 号井经试油证实打在油田边水区,压力为 17.0MPa,海拔为 -1200m,油、水密度分别取 0.8g/cm^3 和 1.0g/cm^3,试确定:

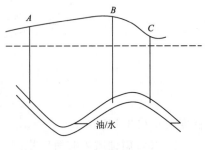

图 11-1 某油藏剖面图

(1)油水界面的位置。

(2)判断有无气顶,有气顶画出气顶范围,无气顶说明判断依据。

4. 在声波时差与深度相关图上,A 点与 B 点的声波时差值相同,B 点处于欠压实带上,对应深度为 3000m,A 点位于正常压实趋势线上,A 点对应深度为 2000m,试用等效深度法求取:

(1)B 点的地层压力、压力系数和剩余压力。

(2)若平衡钻井,需配制多大比重的泥浆?(静水压力梯度为 0.01MPa/m,上覆岩层压力

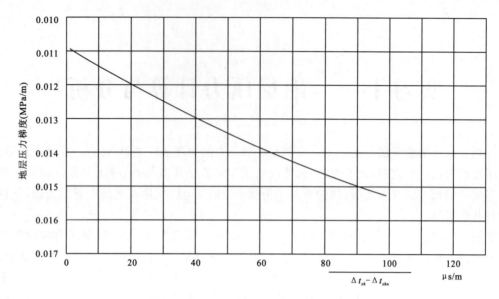

图 11-2 利用 $\Delta t_{sh} - \Delta t_{shn}$ 求地层压力图版

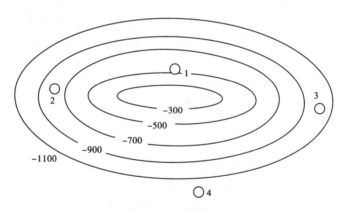

图 11-3 某构造油藏平面图

梯度为 0.0231MPa/m)。

5. 某背斜油藏内有两口井：A 井和 B 井(图 11-4)，其钻达油层分别位于油藏顶部海拔 -950m 与翼部海拔 -1200m 处，井口海拔高程均为 500m。经过一段时期开采后关井测得 A 井的油层静止压力为 6.59MPa，B 井油层静止压力为 9.5MPa，若油藏的原油密度为 $0.85 \times 10^3 \text{kg/m}^3$。

(1) 计算 A 井和 B 井油层的折算压力。

(2) 判断油藏内油气在剖面上的流动方向。

6. 图 11-5 为具边水的背斜构造油藏剖面与钻井分布示意图。油层一侧在海拔 200m 的地表出露，为供水区，接受大气降水与其他地表水的补给；而在油层的另一侧，或因岩性尖灭，或因断层的封隔未能出露地表，故无泄水区。在此情况下，油藏的测压面(位能面)是以供水露

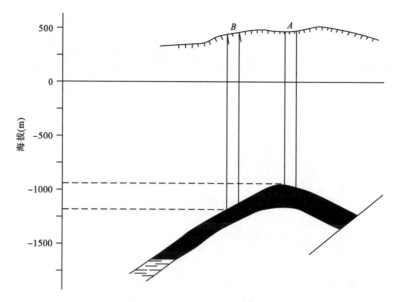

图 11-4 某背斜油藏剖面图

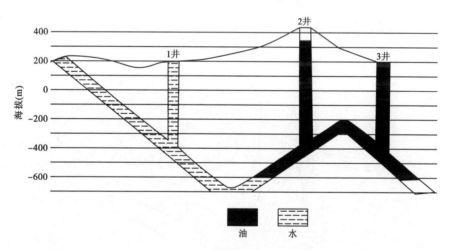

图 11-5 某油藏剖面及钻井分布示意图

头海拔 200m 为基准的水平面,在本剖面图上则为一水平线,1 号井和 3 号井井口高程均为 200m,2 号井井口高程为 450m,水的密度为 $1.0×10^3 kg/m^3$,油的密度为 $0.82×10^3 kg/m^3$。

(1)计算 1 井、2 井、3 井的地层压力。

(2)分析这 3 口井是否会自喷。

7. 图 11-6(a)和图 11-6(b)分别是某油藏原始地层压力等值线图和油藏静止压力等值线图,

(1)判断图 11-6(a)中油藏中部断层 F_1 的封闭性,并分析原因。

(2)比较油藏静止压力等值线图和该区原始地层压力等值线分布,分析地层压力在开采过程中的变化。

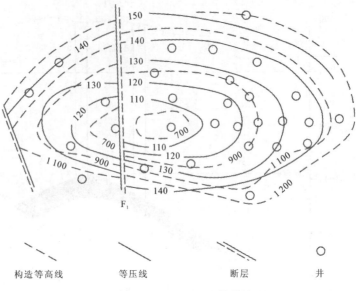

图 11-6(a)　原始地层压力等值线图

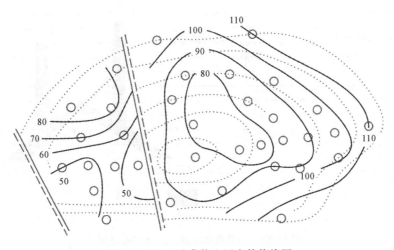

图 11-6(b)　油藏静止压力等值线图

8. 如图 11-7 所示，为某油藏油层顶部构造图。A、B 两井均钻入油层，井口海拔标高为 100m。A 井油层中部井深 −1600m，实测得原始地层压力为 16MPa，B 井油层中部井深 −1610m，实测得原始地层压力为 18MPa，设地下原油相对密度为 0.80，问：油藏内逆断层封闭性怎样？

9. 某油气田产层顶部构造图 11-8 上有 3 口已钻井，各井参数见表 11-1。求：

(1)气油界面、气水界面的位置，并标注在图上。

(2)以油水界面为折算面，求 1 井、2 井、3 井的折算压力（$\times 10^5$ Pa）。

油气藏研究

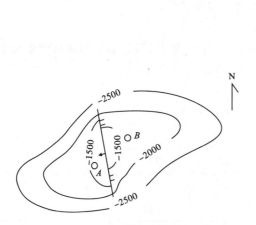
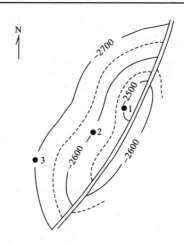

图 11-7 某油藏油层顶面构造图　　　图 11-8 某油气田油层顶面构造图

表 11-1 某油气田基本数据

项目	1井	2井	3井
井口海拔(m)	100	150	100
产层视厚度(m)	10	10	10
原始地层压力($\times 10^5$Pa)	255.78	264.6	274.4
流体类别	气	油	水
流体地下密度(g/cm³)	0.11	0.96	1.10

10. 已知某油藏已钻 A、B 两口探井，其顶面构造如图 11-9 所示，油层厚度均为 20m，A 井钻入油层，井口海拔标高 630m，油层中部原始油层压力 11.2944MPa，B 井钻入水层，井口海拔标高 530m，油层中部原始油层压力 12MPa，油、水密度分别为 0.8×10^3kg/m³ 和 1.0×10^3kg/m³。

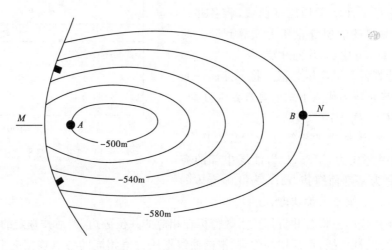

图 11-9 某油层顶面构造图

(1)在图中圈出含油面积,并绘制 MN 油藏剖面示意图。

(2)分析 A 探井是否为自喷井($g=9.8m/s^2$)。

11. 某油气田钻探井 A,实测得井深 2800m 处井温为 105℃。如已知该区年温度值如表 11-2 所示,计算该井的地温梯度。

表 11-2 研究区年(逐月)温度值

时间(月)	1	2	3	4	5	6
地面温度(℃)	10	15	19	20	23	26
时间(月)	7	8	9	10	11	12
地面温度(℃)	27	26	24	20	10	5

12. 折算压力等压图的绘制与分析。

1)实习目的。

折算压力等压图是油气田开发动态分析的重要图件之一。通过实习,使学生掌握折算压力的计算、折算压力等压图的绘制及分析。

2)实习要求。

(1)以 −3885.0m 为基准面,计算各井折算压力,并作油藏折算压力等压图(等压距 1MPa)。

(2)通过等压图分析提出该油藏的开发调整措施。

3)方法步骤。

(1)绘制油藏平均压力递减曲线。将各油井在不同时期内测得的油层静止压力标在以压力与时间为坐标的图纸上,然后从所有的井点中回归出一条具有代表性的曲线,该曲线即为油藏平均压降曲线(图 11-10)。

(2)平行于油藏平均压降曲线,将各井在不同时期测得的油层静止压力换算到同一时间,如图 11-10 中 A、B 两井点。

(3)计算各井折算压力值。将各井同一时间的油层静止压力代入下式计算折算压力:

$$P_c = P_f + 10^{-6}\rho g(h - h_{基})$$

式中:P_c 为油层的折算压力,MPa;P_f 为实测油层中部压力,MPa;h 为油层中部的海拔,m;$h_{基}$ 为基准面海拔,m;ρ 为井内流体的密度,kg/m^3;g 为重力加速度,m/s^2。

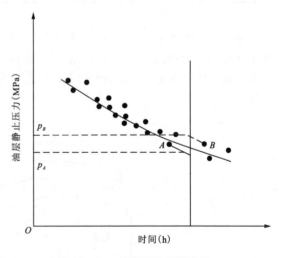

图 11-10 油藏平均压降曲线

(4)在井位图上将各井折算压力数值标在相应的井位旁边,然后按选定的压力间隔在相邻井之间进行线性内插,最后用均匀、圆滑的曲线把压力值相同的各点连接起来,便得油层折算压力等压图。

4)资料数据。某背斜构造油藏已钻井23口(图11-11),所取1983年12月测压数据如表11-3所示,原油相对密度为0.8518。

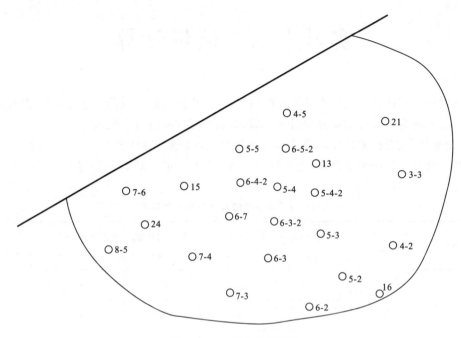

图 11-11 某油藏井位图

表 11-3 某油藏测压数据表

井号	油层中部海拔(m)	油层压力(MPa)	折算压力(MPa)
13	-3885.0	38.32	
15	-3839.5	38.51	
21	-3910.0	36.56	
24	-3912.7	44.50	
4-2	-3900.0	44.33	
5-4	-3917.2	34.25	
5-5	-3926.5	34.90	
6-2	-3918.4	44.38	
6-4-2	-3945.0	35.40	
6-3	-3952.0	39.10	
7-3	-3911.0	43.20	
7-4	-3890.5	43.51	
7-6	-3916.1	36.53	
8-5	-3898.1	34.60	

实习十二 储量计算

油气储量是石油和天然气在地下的蕴藏量,无论从事石油地质勘探还是开发,都会涉及到对油气储量的研究。油气储量是评价油气藏、编制开发方案的重要依据。

(1)设有两个油藏,通过油藏描述确定了各油藏的储量参数(表12-1),试按照容积法分别计算两个油藏的石油地质储量,并比较两个油藏的石油地质储量丰度(表12-2)。

表 12-1 两油藏储量计算基本参数表

油藏编号	含油面积（km²）	有效厚度（m）	有效孔隙度（%）	含水饱和度（%）	地面原油密度（g/cm³）	平均原油体积系数
1	15	10	28	45	0.8	1.1
2	15	18	36	30	0.8	1.2

表 12-2 石油地质储量丰度分类 （10⁴ t/km²）

>300	高丰度
100～300	中等丰度
50～100	低丰度
<50	特低丰度

(2)利用压降法计算气藏可采储量。

表12-3为某气藏的生产数据,在给出的坐标纸上绘制 P/Z 与 G_p 的压降储量关系曲线,设废弃气层压力为40MPa,由压降法外推该井的天然气可采储量。

表 12-3 某气藏压力测量数据

时间(年)	1	2	3	4	5	6	7	8
$G_p(10^8 m^3)$	0	0.2	0.6	0.9	1.3	1.8	2.5	3
P/Z(MPa)	52	51.5	50.7	50.5	50	49.5	49.3	49.2

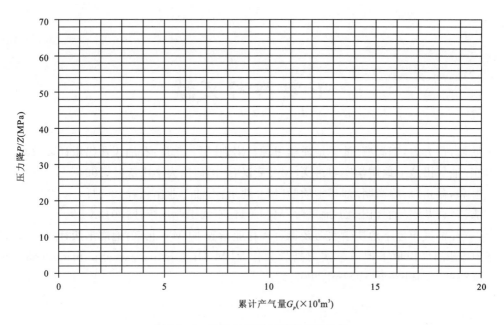

图 12-1 累计产气量与压降关系曲线

主要参考文献

吴欣松,岳大力,李海燕.油矿地质学习题与实训[M].北京:石油工业出版社,2013.
马正.油气田地下地质学实习讲义[M].武汉:中国地质大学出版社,1994.
吴胜和,蔡正旗,施尚明.油矿地质学[M].北京:石油工业出版社,2011.
付秀清,曹基宏.油气田地下地质学[M].北京:石油工业出版社,2013.
李鸿智.油气田地下地质学实习及课程大作业指导书[M].北京:地质出版社,1993.
王红亮.油气田地下地质学实习指导大作业[M/OL].http://wenkn.baidu.com/view/cb6a848583d049649b66587e.html,2005.2.